藍子竣————著

周禎和————攝影

好早
食安
！

GOOD MORNING GREAT BREAKFAST

幸福早餐

素食，不只是一種飲食選擇，更是一種對生命態度的負責。素食，是尊重生命的態度，是惜福萬物的態度，是簡單生活的態度……，料理充滿人生百味，我願與大家一起從中探索與學習。

禪宗說道在生活日用中，早餐看似簡單平凡，卻是每天不可或缺的一餐。如果能用心對待早餐，不只可以調身，也可以調心。一日之計在於晨，一張早餐餐桌，充滿著無限可能，不但能以料理創意千變萬化，更結合了無數的善緣，希望大家只要想到一頓早餐的食材來源，是聚集了無數人的心血，心中便充滿著幸福感，能以喜悅的心展開全新的每一天！

八歲小廚師展開料理人生

我在四歲時，便與家人開始一起素食。八歲時，隨著二哥、三哥一起上臺北向余昭德師傅學習素食廚藝。後因二哥開設平光素食館，所以我八歲開始學習素食料理，十二歲便已能獨當一面，處理外燴宴席，連難度高的蔬果雕刻，也不用假手他人。大人們看我個頭雖小，小小年紀卻能熟門熟路包辦宴席，快速完成料理並做介紹，不免多給我紅包做為鼓勵。當同學們放學後揹著書包去遊戲，我得趕著回家忙著準備各大宴席。雖然生活如此忙碌，我卻不以為苦，因為全家人能有共同努力的事業，不就是一種幸福嗎？

十七歲時，為磨鍊自己，我北上發展，在觀世音素菜餐廳任職，後受洪銀龍師傅賞識，轉至法華素食餐廳任職，想不到南北口味竟是「南轅北轍」，難以揣摩，讓我深受挫折。隻身在臺北，每日從早上七點開始工作到晚上十一點收工後，還要整理料理筆記與研發菜單，忙到半夜一、二點才能準備就寢，身心皆感疲憊，因此非常想念家鄉，決定打退堂鼓轉行。

　　回到臺南家裡待業時，想不到竟然夢見觀世音菩薩告訴我說：「素食推廣是你今生的使命，你必須扛起這份責任！」讓我從絕望裡看到希望，重拾信心回到臺北，經過一番學習與努力後，在全省素食餐廳擔任主廚。從此，堅定了推廣素食的信念，再也沒有動搖過。

提昇料理技藝到人生藝術

　　在學習料理的過程裡，遇到非常多的貴人，我的二哥是我人生的啟蒙老師，更帶著我一起向被尊為「素食教父」的余昭德師傅學藝。全省素食餐廳的陳思總經理，特聘康熙苑黃德興師傅來大方傳授他的中菜西吃要領，增廣我的見聞。素食前輩許榮展師傅不但樂於分享料理經驗，更指導我南少林拳與禪坐，讓我找到平衡身心之道，在忙累的工作裡，能夠隨時隨地很快靜下心來。另一位啟蒙我的是全省素食餐廳的顧問陳蘭棣老師，他看我好學不倦，所以栽培我學習餐飲顧問專業知識。能夠得到這麼多志同道合的師友協助，真是非常感恩。

　　我的料理之路，看似一帆風順，不到二十歲便累積豐富餐飲經驗，後來還應邀去中國及澳洲協助創設素食餐廳，並協助各大寺院推廣素食，進行兩岸素食交流活動。甚至還成立臺灣素食廚師聯誼會與創設臺灣素食餐飲發展協會，期望將臺灣素食飲食文化，推廣至世界各國。與其說我好運，不如說是因為推廣素食聚集無數人的願心，所以才能得到許多不可思議的助緣。

　　如同許榮展師傅曾說只要用心做料理，「德不孤，必有鄰」，從事素食餐飲，確實是份廣結善緣的工作。在競爭激烈的餐飲界，要結交知己很不容易，而素食餐飲同行朋友，因為有共同的心願，將料理視同修行之路，所以特別容易交心。料理無國界，修行無國界，只需要心願相同，便能不分彼此，相互成就。

幸福人生，從素食早餐開始

　　能透過《早安好食！》食譜與大家結緣，實屬不易。教學二十多年來，海內外的學生已有二、三千人，大家一直催促我出版食譜，但卻礙於種種因緣不具足，且抽不出時間而作罷。這次出書也恰逢拓展事業與籌備臺灣素食餐飲發展協會的關鍵時刻，常常需要往返南北與兩岸，幾經波折，幸好得到大家的齊心協助，才得以完成食譜，真是非常感恩佛菩薩！感恩大家！

　　推廣素食，是我一生的志願。臺灣素食的健康美味，舉世聞名，全球素食者都很羨慕住在臺灣的人。臺灣可説是「素食寶島」，具有四季豐饒的食材、多元的料理變化、悠久的素食文化、廣大的素食人口……，這些得天獨厚的條件，得之不易，我們除知福、惜福，更要培福、種福，才能真正有福。素食早餐，便是非常好的培福、種福方法，不但養生健康，也能環保節能、慈悲護生、增長福德。

　　幸福人生，就從素食早餐開始吧！祝福大家！

前言

自己動手
做早餐

清晨禪坐，是段美好時光；清晨為家人做素食早餐，更是段美好食光，真正展現了生活禪。用禪心親手做的早餐，味道就是不一樣！雖然用的是簡單的家常食材，做的是簡單的烹調方式，嘗起來就是特別有滋有味！讓家人吃得安心，吃得滿足，共度美好食光！

千變萬化的素食早餐

一般人買早餐很容易，全素早餐的選擇卻不多，與其總是吃著一成不變的菜包、饅頭、飯糰，何不自己動手做看看？《早安好食！》特別設計50道食譜，只要掌握要領，餐桌隨時都可變化出不同的風景，充滿想像！

星期一旅行墨西哥：豪邁享用墨西哥捲餅；星期二旅行日本：優雅享用綜合握壽司；星期三旅行義大利：快樂享用茄汁義大利麵；星期四旅行泰國：熱情享用泰式東炎夾吐司；星期五來趟超時空旅行：回味古早味筒仔米糕。星期六、星期天，可以看現有食材，做出獨家新風格的中式早餐。

面對每天都如此充滿驚喜的餐桌，家人自然幸福得嘴角上揚！原來素食早餐可以如此多彩多姿！

如何以輕鬆的禪心設計早餐菜單呢？首先可提前一週，先設想完成一週的早餐內容。有些食材可以一起採買，省時省錢，甚至在準備晚餐時，一起直接備料，例如先煮好飯，或是先完成米的浸泡，或是將食材清洗切塊，用密封袋放入冰箱冷凍，使用前再取出，做早餐變得更輕鬆自在。

即使是一家人，口味卻可能大不同，如何做出讓每個家人都滿足的早餐呢？本書的早餐料理在設計時，已考量要適用於老少家庭成員，因此特重料理的多樣化。為方便照顧全家人的不同口味，因此本書依不同料理風格，分為四大

篇：古早味臺式早餐、新活力中式早餐、經典風西式早餐、新風潮異國早餐。藉由穿插不同風格的料理，讓家人期待每天的早餐！

早餐的健康烹調要領

早餐不是可有可無的一餐，如果每天都能在家吃到用心準備的早餐，一定生活得很幸福！很快樂！早餐是一天的活力來源，挑選健康食材與使用健康烹調方法，當然特別重要。

一、當令食材最新鮮

早餐選用當令的食材，不但新鮮度最佳，風味最佳，也較物美價廉。自己動手做早餐的好處，就是能掌握安心健康的食材來源，能就季節變化與家人口味做選購調整。本書將多種臺灣盛產的食材，融入早餐料理，只要掌握烹調要領，可發揮巧思，自由選用合適的當令新鮮蔬果。

親手做早餐還有另一大優點是，可確保食材成分都是「純素」天然食材。市售的早餐，即使選用天然食材，但是調味料成分卻很難不含五辛成分，不易避免蔥、蒜，甚至含有動物膠，自製早餐可以確保使用純素材料。

二、清洗蔬果有妙法

素食早餐的新鮮蔬果用量大，為避免農藥殘留，清洗的工夫很重要。在此提供無毒料理清洗蔬果的方法，首先準備一瓶酵素，將酵素用水稀釋為酵素水，放入蔬果浸泡二十至三十分鐘，讓酵素水分解農藥，蔬果會更新鮮可口。

避免殘留農藥，汆燙蔬果也是好方法。滾水內加入少許鹽、油汆燙蔬果，除可消除農藥，綠色蔬菜還可保持二至三小時的鮮翠顏色。

三、冷鍋冷油保健康

　　傳統料理習慣熱鍋熱油，建議改為冷鍋倒入油，再開火加熱油溫，以確保油質不因高溫起變化，避免破壞營養食材，並能減少廚房油煙，冷鍋冷油，不只家人能吃得健康，料理者也能身心愉快做早餐，不會渾身都是油煙味。

　　中式料理的炒菜用油，建議使用不飽和脂肪酸的種子油，比較營養健康，油的品質也穩定，如葵花油、葡萄子油、花生油、芥花油，西式料理則建議使用橄欖油。無論使用哪一種油，都要留意保存期限，避免油耗味。烹調方式盡量減少油炸的高溫料理，可以油煎代替油炸。早餐也可善用方便省力的電鍋，減少廚房油煙。

　　希望透過本書設計的早餐料理，能讓大家快樂動手做早餐，讓早餐餐桌像一座祕密花園，讓人充滿著期待！

◆計量說明

本書建議烹調用油採用葵花油或橄欖油，鹽則使用海鹽。炒菜用油量與料理用水量，以及抓醃的用鹽量，直接寫於做法內，不另寫於調味料計量中。

◆本書使用計量單位

· 1大匙（湯匙）＝15cc（ml）＝15公克
· 1小匙（茶匙）＝5cc（ml）＝5公克
· 1杯＝150cc（ml）＝150公克
· 1碗＝150cc（ml）＝150公克

目錄

Chapter 1

古早味
臺式早餐

GOOD
MORNING
GREAT
BREAKFAST

臺式鹹粥

材料

白米 ——— 1杯
高麗菜 ——— 100公克
乾香菇 ——— 2朵
紅蘿蔔 ——— 50公克
南瓜 ——— 50公克
芋頭 ——— 50公克
芹菜 ——— 10公克

調味料

鹽 ——— 1小匙
白胡椒粉 ——— ½小匙

做法

1　白米洗淨，用200公克水浸泡20分鐘，瀝乾水分；高麗菜洗淨，切2公分寬片；乾香菇用600公克水浸泡30分鐘，切小丁，預留香菇水；紅蘿蔔洗淨去皮，切小丁；南瓜洗淨去皮，切小丁；芋頭洗淨去皮，切小丁；芹菜洗淨，切末，備用。

2　取一鍋，倒入1大匙葵花油，開小火，炒香香菇丁，加入紅蘿蔔丁、南瓜丁、高麗菜片拌炒，倒入白米炒香，以鹽調味，倒入香菇水，轉中火煮滾，加入芋頭丁，攪拌均勻，再度滾沸3分鐘後，撒上芹菜末、白胡椒粉，即可起鍋盛碗。

小叮嚀

• 浸泡過水的白米，口感會較柔軟。白米與乾香菇，可提前一晚完成浸泡。白米也可改用白飯，如有剩菜，可切末加入粥內同煮。
• 如要增加鹹味，炒白米時，可加入1小匙醬油。
• 大丁刀法為切3立方公分，中丁刀法為切2立方公分，小丁刀法為切1立方公分。

筒仔米糕

材料

糯米 ——— 1½杯
乾香菇 ——— 10公克
白蘿蔔 ——— 50公克
香菜 ——— 5公克

調味料

糯米醋 ——— 30公克
細白砂糖 ——— 24公克
醬油 ——— 3大匙
糖 ——— 1小匙
白胡椒粉 ——— ¼小匙
五香粉 ——— 少許
高湯 ——— 600公克

器皿

2.5吋米糕筒 ——— 3個

做法

1 糯米洗淨，用300公克水浸泡2小時，瀝乾水分；
   乾香菇用100公克水泡開，瀝乾水分，切絲，預留
   香菇水；白蘿蔔洗淨去皮，切滾刀菱形丁；香菜洗
   淨，切段，備用。

2 白蘿蔔丁以¼小匙鹽抓醃，靜置10分鐘，瀝乾水
   分，加入糯米醋、細白砂糖拌均，靜置20分鐘醃
   漬入味。

3 取一鍋，倒入1大匙葵花油，開小火，爆香香菇
   絲，以醬油、糖、白胡椒粉、五香粉調味，倒入香
   菇水煮滾，即可取出香菇絲。

4 米糕筒依序放入香菇絲、糯米，倒入各200公克高
   湯，放入電鍋。

5 電鍋外鍋倒入2量米杯水，待按鍵跳起，蒸熟米糕
   後，繼續燜10分鐘，再取出盛盤。

6 米糕撒上香菜段，放上白蘿蔔泡菜，即可食用。

小叮嚀

• 糯米選用長糯米或圓糯米皆可。糯米要用水浸泡，
  若未浸泡，水量要略微增加，米糕才會鬆軟。

• 高湯材料與做法為：黃豆芽200公克、乾香菇10公
  克、白蘿蔔100公克、黃玉米100公克、昆布50公
  克、西洋芹50公克，將全部材料洗淨，白蘿蔔、
  西洋芹切半，黃豆芽用1大匙葵花油快炒2分鐘。
  取一鍋，倒入3000公克水，全部高湯材料裝入紗
  布袋放入鍋中，開中火煮滾，保持滾沸20分鐘，
  取出紗布袋，即是高湯。

麻醬涼麵

材料

蕎麥麵 ——— 1包（300公克）
小黃瓜 ——— 1條（60公克）
紅蘿蔔 ——— 30公克

調味料

芝麻香油 ——— 3小匙
鹽 ——— 少許

淋醬

芝麻醬 ——— 3大匙
糯米醋 ——— 3大匙
糖 ——— 1小匙
白胡椒粉 ——— 少許
花椒粉 ——— 少許
芝麻香油 ——— 1大匙
熟白芝麻 ——— 1小匙
高湯 ——— 150公克

做法 ————————————

1　小黃瓜洗淨，刨絲；紅蘿蔔洗淨去皮，刨絲，備用。

2　取一個碗，加入全部淋醬材料，攪拌均勻，即是淋醬。

3　取一鍋，倒入1000公克水，開中火煮滾，加入蕎麥麵，水滾時倒入150公克水，重複三次，即可取出蕎麥麵，放入1000公克冷開水內漂涼，瀝乾水分。

4　取一個盤子，加入蕎麥麵，淋上芝麻香油，以鹽調味，攪拌均勻，放上小黃瓜絲、紅蘿蔔絲，淋上淋醬，即可食用。

小叮嚀

- 芝麻醬可和花生醬用1：1的比例調醬，味道更香。使用芝麻醬要留意保存期限，如果有油耗味，表示已不新鮮。
- 市售的香油多為調合油，建議使用白芝麻製作的芝麻香油，提香的香氣才會足夠。

刈包

材料

刈包 ── 3個
豆包 ── 3片
酸菜 ── 200公克
白平菇 ── 6朵
辣椒 ── 10公克
香菜 ── 30公克

調味料

醬油 ── 1小匙
糖 ── 1小匙
鹽 ── ½小匙
花生粉 ── 100公克
糖粉 ── 50公克

做法

1. 酸菜洗淨，切絲，沖洗3分鐘，擠乾水分；白平菇洗淨，切除蒂頭，切8公分寬片；辣椒洗淨，切末；香菜洗淨，切段，備用。

2. 取一鍋，倒入2大匙葵花油，開小火，加入酸菜絲、辣椒末拌炒，以1小匙醬油與糖調味，拌炒3分鐘，即可起鍋。

3. 取一鍋，倒入1大匙葵花油，開小火，加入豆包，煎至兩面呈金黃色，以鹽調味，即可起鍋，利用鍋內餘油，煎熟白平菇，以1小匙醬油調味，即可起鍋。

4. 刈包放入電鍋，電鍋外鍋倒入1量米杯水，蒸熟，即可取出盛盤。

5. 刈包依序放入花生粉、糖粉、酸菜絲、白平菇片、豆包、香菜段，即可食用。

小叮嚀

- 豆包也可先滷過再油煎，滷汁材料與做法：醬油4大匙、高湯1000公克、糖1小匙、滷包1包、白胡椒粉1大匙、鹽½小匙、芝麻香油1大匙，取一鍋，加入全部材料，開中大火煮滾，即是滷汁。

新竹素圓

材料

在來米粉 ——— 100公克
地瓜粉 ——— 50公克
太白粉 ——— 25公克
沙拉筍 ——— 100公克
馬鈴薯 ——— 30公克
芋頭 ——— 30公克
皮絲 ——— 30公克

調味料

高湯 ——— 100公克
鹽 ——— ½小匙
糖 ——— ½小匙
五香粉 ——— ¼小匙

沾醬

辣椒醬 ——— 100公克
素蠔油 ——— 50公克
番茄醬 ——— 50公克
在來米粉 ——— 50公克
高湯 ——— 75公克

做法

1 沙拉筍切小丁；馬鈴薯洗淨去皮，切小丁；芋頭洗淨去皮，切小丁；皮絲用熱水泡軟，切小丁，備用。

2 取一鍋，倒入適量水，開中火，加入沙拉筍丁、馬鈴薯丁、芋頭丁、皮絲丁，以滾水汆燙，即可取出，瀝乾水分。

3 另取一鍋，倒入2大匙葵花油，開小火，加入沙拉筍丁、馬鈴薯丁、芋頭丁、皮絲丁炒香，倒入高湯，繼續煮5分鐘，以鹽、糖、五香粉調味，即可起鍋，即是餡料。

4 取一個碗，加入在來米粉、地瓜粉、太白粉，倒入200公克水，攪拌均勻，放入加水的鍋內，用隔水加熱法，開小火，慢慢熬煮至呈糊狀，即是外皮漿。

5 取一個抹油的小碟子，抹上外皮漿，放入50公克餡料，再抹上一層外皮漿覆蓋餡料，即可放入蒸鍋。蒸鍋開大火，蒸10分鐘，取出素圓，外皮抹上少許油即可。

6 取一個小鍋，加入辣椒醬、素蠔油、番茄醬，倒入200公克水，開小火，用篩網濾除雜質，再慢慢加入在來米粉與高湯，攪拌均勻，即是沾醬。

7 素圓搭配沾醬，即可食用。

小叮嚀

• 新竹素圓特點之一是皮具彈勁，微帶透明，清蒸或油炸皆可。

• 取出蒸熟素圓外皮要抹油，避免沾黏。

• 辣椒醬可改用花生辣醬，材料與做法為：熟花生1大匙、辣椒醬1大匙、高湯100公克、糖1小匙、糯米粉10公克，全部材料放入果汁機，攪打均勻，用濾網濾除雜質，開小火煮滾，靜置放冷即可。

香積飯糰

材料

白飯 ——— 1 碗
雪菜 ——— 50 公克
菜酥 ——— 1 大匙
牛蒡餅乾 ——— 5 公克
耐熱袋 ——— 1 個

調味料

高湯 ——— 1 大匙
糖 ——— 少許
素蠔油 ——— 1 小匙

做法

1　雪菜洗淨，擠乾水分，切末，燙熟，備用。

2　取一鍋，倒入高湯，加入糖、素蠔油，開小火，煮至呈濃稠狀，即可起鍋，用篩網，濾除雜質，即成醬汁。

3　取一個耐熱袋鋪底，將白飯均勻攤平，放上菜酥、牛蒡餅乾、雪菜末，淋上醬汁，包捲成飯糰，即可食用。

小叮嚀
• 如喜歡辣味，煮醬汁時，可加入 1 大匙辣椒醬。

四神湯

材料

新鮮蓮子 ——— 50公克
乾芡實 ——— 20公克
乾薏仁 ——— 20公克
乾准山 ——— 50公克
乾茯苓片 ——— 50公克
當歸 ——— 10公克
冬瓜 ——— 200公克

調味料

高湯 ——— 600公克
鹽 ——— 1小匙

做法

1 　新鮮蓮子洗淨；乾芡實、乾薏仁、乾准山、乾茯苓
片洗淨，用水浸泡半小時；當歸洗淨；冬瓜洗淨，
去皮、去子，切小丁，備用。

2 　取一陶鍋，加入新鮮蓮子、芡實、薏仁、准山、茯
苓片、當歸、冬瓜丁，倒入高湯，以鹽調味。

3 　將陶鍋放入電鍋，電鍋外鍋倒入1量米杯水，煮
熟，即可取出盛碗。

小叮嚀

• 臺灣是海島型氣候，四神湯可幫助排除身體濕
氣，具有食補功效。
• 四神湯可加入飯或麵食用。

嘉義菇絲飯

材料

白飯 ——— 2碗
杏鮑菇 ——— 75公克
小黃瓜 ——— 50公克

調味料

糯米醋 ——— 30公克
細白砂糖 ——— 24公克
醬油 ——— 1小匙
鹽 ——— ½小匙
白胡椒粉 ——— ½小匙

素燥

乾香菇 ——— 50公克
醬油 ——— 2大匙
素蠔油 ——— 2大匙
高湯 ——— 500公克
滷包 ——— 1包
糖 ——— 1小匙
白胡椒粉 ——— ½小匙

做法

1. 小黃瓜洗淨，切圓片，用½小匙鹽抓醃，靜置5分鐘，瀝乾水分，加入糯米醋、細白砂糖拌均，靜置10分鐘醃漬入味；乾香菇泡開，切粒；杏鮑菇洗淨，燙熟，撕細絲，備用。

2. 取一鍋，開小火，把鍋燒熱，倒入5大匙葵花油，加入香菇粒，以醬油、素蠔油調味，炒香後轉中大火，倒入高湯，加入滷包、糖、白胡椒粉，煮至滾沸轉小火，熬滾20分鐘，即是素燥。

3. 另取一鍋，倒入1大匙葵花油，放入杏鮑菇絲，炒至呈金黃色，以醬油、鹽、白胡椒粉調味，拌炒2分鐘，即可起鍋。

4. 盛一碗飯，淋上2大匙的素燥，旁邊放上小黃瓜片，中間鋪上杏鮑菇絲，即可食用。

小叮嚀

- 希望增加口感咬勁，可加入金針菇。
- 如喜歡清爽風味，醃漬小黃瓜片也可直接用½小匙鹽醃漬5分鐘，瀝乾水分，即可食用。

紅麵線糊

材料

紅麵線 ──── 300公克
草菇 ──── 60公克
杏鮑菇 ──── 100公克
新鮮黑木耳 ──── 100公克
紅蘿蔔 ──── 50公克

調味料

太白粉 ──── 50公克
高湯 ──── 1000公克
辣椒醬 ──── 1大匙
鹽 ──── 1小匙
白胡椒粉 ──── ¼小匙
烏醋 ──── 1大匙

做法

1 草菇洗淨，切片；杏鮑菇洗淨，切絲；新鮮黑木耳
　 洗淨，切絲；紅蘿蔔洗淨去皮，切絲，備用。

2 取一鍋，倒入600公克水，開中火，煮滾，加入紅
　 麵線，水滾時倒入150公克水，重複三次，即可取
　 出紅麵線，用冷水漂涼，瀝乾水分。

3 取一個碗，加入太白粉與50公克水，攪拌均勻。

4 另取一鍋，倒入1大匙葵花油，開小火，加入草菇
　 片、杏鮑菇絲、黑木耳絲、紅蘿蔔絲炒香，倒入高
　 湯，煮滾，加入紅麵線，以辣椒醬、鹽、白胡椒粉
　 調味，攪拌均勻，以太白粉水做勾芡，淋上烏醋，
　 即可起鍋盛碗。

小叮嚀

• 勾芡粉種類很多，包括：太白粉、地瓜粉、綠豆
　粉、蓮藕粉、玉米粉……，在使用勾芡粉時，要
　留意放涼後，是否會變稀還水。日本太白粉品質穩
　定不會還水，適用於煮紅麵線糊。

什錦炒麵

材料

關廟麵 —— 6把
新鮮香菇（中朵）—— 6朵
高麗菜 —— 50公克
杏鮑菇 —— 50公克
紅蘿蔔 —— 30公克
青江菜 —— 3株
豆芽菜 —— 20公克
芹菜 —— 20公克

調味料

醬油 —— 1大匙
素蠔油 —— 1大匙
辣豆瓣醬 —— 1小匙
高湯 —— 350公克
白胡椒粉 —— ¼小匙
烏醋 —— 1大匙

做法

1 新鮮香菇洗淨，切絲；高麗菜洗淨，切絲；杏鮑菇洗淨，切絲；紅蘿蔔洗淨去皮，切絲；青江菜洗淨，切絲；豆芽菜洗淨；芹菜洗淨，切段，備用。

2 取一鍋，倒入600公克水，開中火煮滾，加入關廟麵，攪拌麵條避免沾黏，水滾時倒入150公克水，重複三次，即可取出麵條，放入1000公克冷開水內漂涼。

3 取一鍋，倒入2大匙葵花油，開中火，爆香芹菜段、香菇絲，加入紅蘿蔔絲、高麗菜絲、杏鮑菇絲、青江菜絲、豆芽菜炒熟，轉小火，以醬油、素蠔油、辣豆瓣醬調味，倒入高湯，加入關廟麵拌炒3分鐘。

4 以白胡椒粉、烏醋調味，轉大火，快速拌炒30秒，即可起鍋盛盤。

小叮嚀

• 關廟麵彈牙有咬勁，起鍋前將烏醋淋於鍋沿嗆鍋，香氣更濃。

• 增加炒麵香味，可加入薑末爆香。

• 炒麵炒至湯汁約剩⅓碗水（50公克）即要起鍋，避免焦鍋。

炊仔飯

材料

白飯 ──── 2碗
高麗菜 ──── 60公克
鴻喜菇 ──── 40公克
小黃瓜 ──── 40公克
枸杞 ──── 1小匙
熟花生 ──── 40公克

調味料

葵花油 ──── 1小匙
白胡椒粉 ──── ¼小匙
花生辣醬 ──── 1小匙

做法

1 高麗菜洗淨，切2公分片；鴻喜菇洗淨，剝小朵；小黃瓜洗淨，切中丁；枸杞泡開，瀝乾水分，備用。

2 取一鍋，倒入200公克水，開中火煮滾，加入熟花生、高麗菜片、鴻喜菇、小黃瓜丁、枸杞，煮至熟，以葵花油、白胡椒粉調味，即可取出，瀝乾水分。

3 取二個碗，以熟花生、高麗菜片、鴻喜菇、小黃瓜丁、枸杞鋪底，再鋪上白飯，蓋上蓋子，放入電鍋，電鍋外鍋倒入1量米杯水，蒸熟。

4 將炊仔飯盛盤，食用時拌入花生辣醬即可。

小叮嚀
• 可提前一晚做好，放入冰箱冷藏，早上只需溫熱即可，方便省時。
• 如有剩菜、剩飯，可一起烹煮。

潤餅

材料

潤餅皮 —— 5張
大黃瓜 —— 200公克
豆薯 —— 200公克
綠豆芽 —— 50公克
五香豆干 —— 5塊
芹菜 —— 25公克
高麗菜 —— 50公克

調味料

高湯 —— 50公克
白胡椒粉 —— ¼小匙
鹽 —— 1小匙
花生粉 —— 3大匙
細白糖粉 —— 2大匙

做法

1 　大黃瓜洗淨，去皮、去子，刨絲，用¼小匙鹽抓醃，靜置5分鐘，瀝乾水分；豆薯洗淨去皮，刨絲；綠豆芽洗淨；五香豆干洗淨，切絲；芹菜洗淨，切絲；高麗菜洗淨，切絲，備用。

2 　取一鍋，倒入2大匙葵花油，開小火，加入五香豆干絲炒香，再加入芹菜絲、高麗菜絲炒熟，倒入高湯，以白胡椒粉、鹽調味，再加入豆薯絲、綠豆芽，拌炒均勻，瀝乾水分，即是餡料。

3 　取一個碗，加入花生粉、細白糖粉，一起拌勻，即是花生粉糖。

4 　攤開潤餅皮，先鋪上花生粉糖，加入60公克餡料，再加入30公克大黃瓜絲，捲好潤餅，即可食用。

小叮嚀

• 餡料要瀝乾水分，潤餅的餅皮才不會破。可用篩網或餐巾紙瀝乾水分，在包潤餅時，也可先以保鮮膜鋪底再包捲。

味噌鍋燒烏龍麵

材料

烏龍麵 ——— 3包
新鮮香菇 ——— 3朵
紅蘿蔔 ——— 30公克
高麗菜 ——— 100公克
牛番茄 ——— 1個
杏鮑菇 ——— 50公克
南瓜 ——— 50公克
小白菜 ——— 100公克
海苔片 ——— 3片
薑末 ——— 5公克

調味料

高湯 ——— 1300公克
醬油 ——— 1大匙
味噌 ——— 4大匙
無酒精味醂 ——— 1小匙

做法

1　新鮮香菇洗淨，切除蒂頭，菇面刻星型；紅蘿蔔洗
淨去皮，切片；高麗菜洗淨，切片；牛番茄洗淨，
切片；杏鮑菇洗淨，切片；南瓜洗淨去皮，切片；
小白菜洗淨，切段，備用。

2　取一鍋，倒入1大匙葵花油，開小火，爆香薑末，
倒入高湯，加入烏龍麵、香菇、紅蘿蔔片、高麗菜
片、牛番茄片、杏鮑菇片、南瓜片，轉中火，以醬
油、味噌、味醂調味，煮3分鐘，加入小白菜段煮
熟，即可起鍋盛碗。

3　將香菇星型面朝上，放上1片海苔片，即可食用。

小叮嚀

• 味噌不能太早做調味，味道會過鹹，要最後加
入，用小火煮3分鐘即可。

猴菇香麻油麵線

材料

白麵線 ⋯⋯ 1包
老薑 ⋯⋯ 30公克
熟猴頭菇塊 ⋯⋯ 30公克
紅棗 ⋯⋯ 3粒
銀杏 ⋯⋯ 3粒
枸杞 ⋯⋯ 10粒
青江菜 ⋯⋯ 1株

調味料

高湯 ⋯⋯ 600公克
鹽 ⋯⋯ 少許
白胡椒粉 ⋯⋯ 少許
黑麻油 ⋯⋯ 1小匙

做法

1   白麵線放入蒸鍋，蒸25分鐘，取出；老薑洗淨，切片；紅棗洗淨，泡開；銀杏洗淨；枸杞洗淨，泡開；青江菜洗淨，切段，備用。

2   取一鍋，倒入適量水，開中火煮滾，加入白麵線煮3分鐘，即可撈起，用冷水沖洗乾淨至水清，瀝乾水分。

3   另取一鍋，倒入1大匙葵花油，爆香老薑片，倒入高湯，加入熟猴頭菇塊、白麵線、紅棗、銀杏、枸杞、青江菜段，煮滾後，以鹽、白胡椒粉調味，即可起鍋盛碗。

4   淋上黑麻油，即可食用。

小叮嚀

• 新鮮猴頭菇處理較耗時，可用處理過的熟猴頭菇塊直接料理。新鮮猴頭菇使用前，要先剁塊，用滾沸的薑片水煮40分鐘，以消除澀味。

• 黑麻油遇熱會產生苦味，不宜高溫烹調。

• 麵線放入蒸鍋蒸過再煮，不易糊化，口感彈牙。

香筍羹

材料

沙拉筍 ──── 1支（300公克）
杏鮑菇 ──── 1支（150公克）
大白菜 ──── 100公克

調味料

高湯 ──── 600公克
鹽 ──── 1小匙
糖 ──── 1小匙
白胡椒粉 ──── 少許
太白粉 ──── 50公克
芝麻香油 ──── ½小匙
糯米醋 ──── ½小匙
烏醋 ──── 1小匙

做法

1 沙拉筍切絲；大白菜洗淨，切絲；杏鮑菇洗淨，以
   滾水燙熟，取出沖涼，切8等份後，杏鮑菇片以刀
   劃0.5公分寬的井字，備用。

2 取一鍋，倒入2大匙葵花油，開中小火，將杏鮑菇
   片，煎至兩面呈金黃色，即可起鍋。

3 取一個碗，加入太白粉，倒入50公克水，攪拌均
   勻，即是太白粉水。

4 取一鍋，倒入高湯，開中火，加入沙拉筍絲、大白
   菜絲、杏鮑菇片，以鹽、糖調味，煮至水滾，轉小
   火，撒上白胡椒粉，以太白粉水做勾芡，淋上芝麻
   香油、糯米醋、烏醋，即可起鍋盛碗。

小叮嚀
• 香筍羹可加入飯或麵食用。

芋頭米粉湯

材料

乾粗米粉 ——— 1包（150公克）
芋頭角 ——— 100公克
乾香菇 ——— 2朵
紅蘿蔔 ——— 10公克
新鮮黑木耳 ——— 10公克
高麗菜 ——— 50公克
芹菜 ——— 10公克

調味料

鹽 ——— ½小匙
白胡椒粉 ——— 少許

做法

1 乾粗米粉用500公克熱水浸泡15分鐘，瀝乾水分；
芋頭角洗淨；乾香菇用500公克熱水泡開，瀝乾水
分，切絲，預留香菇水；紅蘿蔔洗淨去皮，切絲；
新鮮黑木耳洗淨，切絲；高麗菜洗淨，切絲；芹菜
洗淨，切絲，備用。

2 取一鍋，倒入1大匙葵花油，開小火，爆香香菇
絲、芹菜絲，加入紅蘿蔔絲、黑木耳絲、高麗菜
絲、粗米粉，倒入香菇水，再加入芋頭角，轉中火
煮滾，再轉小火繼續煮3分鐘，最後再以鹽、白胡
椒粉調味，即可起鍋盛碗。

小叮嚀

● 如使用新鮮粗米粉，非乾粗米粉，要先汆燙再使
用，以消除米粉中的鹹。

● 芋頭米粉湯如要香氣更濃，可先將芋頭角放入水
中煮滾，再用芋頭角湯來煮其他食材。

八寶粥

材料

五穀米 ―― 50公克
八寶粥豆子 ―― 50公克
龍眼乾 ―― 5公克
紅棗 ―― 5公克

調味料

冰糖 ―― 1大匙
鹽 ―― 少許

做法

1　五穀米與八寶粥豆子洗淨，用200公克水浸泡40分鐘，瀝乾水分；龍眼乾與紅棗洗淨，一起用50公克水泡開，備用。

2　取一電鍋內鍋，加入五穀米、八寶粥豆子、冰糖，倒入200公克水，外鍋倒入1量米杯水，放進電鍋煮熟，煮熟後加入鹽拌均，即可食用。

小叮嚀

- 八寶粥可在前一晚烹煮好，早上只要每碗加入50公克水拌勻，加熱後即可食用。
- 起鍋前加點鹽，八寶粥的味道比較不會過甜。

Chapter 2

新活力
中式早餐

GOOD
MORNING
GREAT
BREAKFAST

南瓜碗粿

材料

在來米粉 ——— 50公克
玉米粉 ——— 25公克
馬鈴薯 ——— 150公克
南瓜 ——— 150公克

調味料

葵花油 ——— 1大匙
鹽 ——— 1小匙
糖 ——— ½小匙
白胡椒粉 ——— ¼ 小匙
花生辣醬 ——— 適量

做法

1. 馬鈴薯洗淨去皮,切中丁;南瓜洗淨,去皮、去子,切中丁,備用。

2. 取一鍋,倒入350公克水,加入馬鈴薯塊、南瓜塊,以葵花油、鹽、糖、白胡椒粉調味,煮滾至馬鈴薯塊、南瓜塊軟化,即可起鍋盛碗。

3. 取一鍋,加入在來米粉、玉米粉與100公克水,攪拌均勻,開小火,熬煮至呈糊狀,即是粉漿。

4. 取四個碗,先分別倒入4等份馬鈴薯塊、南瓜塊,再倒入粉漿。

5. 將四個碗放入蒸鍋,蒸25分鐘,即可取出。

6. 淋上花生辣醬,即可食用。

小叮嚀

• 餡料也可以使用菱角、黃帝豆、芋頭,口感鬆軟,入口即化。

• 可提前一晚做好放入冰箱冷藏,隔天加熱食用。

鮮蔬饅頭

材料

全麥饅頭 ——— 3個
美生菜 ——— 50公克
牛番茄 ——— 1個
麵腸 ——— 1條

調味料

素XO醬 ——— 1大匙
醬油 ——— 1小匙

做法

1. 全麥饅頭放入電鍋，蒸熟；美生菜剝片，洗淨；牛番茄洗淨，切0.5公分厚片；麵腸洗淨，切片，備用。

2. 取一鍋，倒入1大匙葵花油，開小火，加入麵腸片，以醬油調味，煎至兩面呈金黃色，即可起鍋。

3. 全麥饅頭從中剖開，依序放入美生菜、牛番茄片、麵腸片，淋上素XO醬，即可食用。

小叮嚀

- 饅頭的吃法多變，還可切片油煎，或切丁熱炒時蔬。
- 美生菜可改用其他喜愛的生菜做搭配，如蘿蔓生菜、綠捲生菜、紅捲生菜，並加入適量豆芽。如喜歡酥脆口感，也可加入香鬆。

蔬果燒餅

材料

燒餅 ——— 2個
小黃瓜 ——— 1條
美生菜 ——— 2片
苜蓿芽 ——— 20公克
紫高麗菜 ——— 10公克
蘋果 ——— ½個
牛番茄 ——— 1個

調味料

千島沙拉醬 ——— 100公克

做法

1 小黃瓜洗淨,切片;美生菜片洗淨;苜蓿芽洗淨;
紫高麗菜洗淨,切絲;蘋果洗淨去核,切片,用鹽
水浸泡3分鐘,瀝乾水分;牛番茄洗淨,切片,備
用。

2 取一乾鍋,放入燒餅,開小火,乾煎3分鐘,煎香
即可起鍋。

3 將燒餅橫剖,留約0.5公分不切斷。

4 燒餅內餡,依序放入小黃瓜片、美生菜片、苜蓿
芽、紫高麗菜絲、蘋果片、牛番茄片,淋上千島沙
拉醬,即可食用。

小叮嚀

• 千島沙拉醬材料與做法為:沙拉醬1包(300公
克)、檸檬汁5公克、番茄醬50公克、花生粉20公
克、冷開水50公克,全部材料用攪拌機、打蛋器
或湯匙攪拌均勻,即可用保鮮盒盛裝,放入冰箱
冷藏,約可存放1週,需要時再取出。

• 如喜歡酥脆口感,可加入菜酥。

五穀米瓜香油飯

材料

免浸泡五穀米 —— 2杯
大黃瓜 —— 100公克
熟花生 —— 150公克
乾香菇 —— 4朵
老薑 —— 30公克

調味料

糯米醋 —— 30公克
細白砂糖 —— 24公克
黑麻油 —— 2大匙
醬油 —— 2大匙
高湯 —— 150公克
五香粉 —— 少許
糖 —— 1小匙

做法

1   免浸泡五穀米洗淨，倒入300公克水，移入電鍋，外鍋倒入1量米杯水，蒸熟；大黃瓜洗淨，去皮、去子，切片，用½小匙鹽醃漬5分鐘，瀝乾水分；乾香菇泡開，切絲；老薑洗淨，切片，備用。

2   取一個碗，加入糯米醋、細白砂糖，攪拌均勻，放入大黃瓜片，醃漬10分鐘。

3   取一鍋，倒入黑麻油，開小火，爆香老薑片，加入熟花生、香菇絲，以醬油調味，炒香後倒入高湯，撒上五香粉、糖，煮滾，即是醬汁。

4   五穀飯倒入醬汁，攪拌均勻，即可盛碗，搭配醃大黃瓜片一起食用。

小叮嚀

- 如非選用免浸泡五穀米，料理前要先用300公克水浸泡30分鐘。五穀米加入少許糯米，可增加彈性咬勁。
- 如喜歡清爽的風味，大黃瓜片也可不使用糖醋汁醃漬，改用½小匙鹽醃漬5分鐘，瀝乾水分，直接食用。
- 食用黑麻油爆香老薑的油飯，可協助調整素食畏寒者的體質，增強體力。

材料

在來米 ——— 500公克
白蘿蔔 ——— 1500公克
芹菜 ——— 5公克

調味料

高湯 ——— 600公克
鹽 ——— 2小匙
白胡椒粉 ——— 1小匙
素XO醬 ——— 100公克
辣油 ——— 少許

XO醬蘿蔔糕湯

做法

1 在來米洗淨，用600公克水浸泡30分鐘後，瀝乾水分，倒入果汁機，加入高湯，攪打均勻，即是米漿；白蘿蔔洗淨去皮，刨絲；芹菜洗淨，切末，備用。

2 取一鍋，倒入1大匙葵花油，開小火，加入白蘿蔔絲，以鹽、白胡椒粉調味，拌炒均勻，轉中火，炒至白蘿蔔絲呈透明色，繼續拌炒3分鐘，至炒出白蘿蔔絲香氣。

3 倒入米漿，拌炒均勻，加入素XO醬，炒至呈濃稠狀，即可起鍋。

4 取一抹油長方形容器，倒入米漿，移入電鍋，外鍋倒入1½量米杯水，蒸熟。

5 蘿蔔糕靜置放涼，由模具取出蘿蔔糕，切大丁。

6 取一鍋，倒入600公克水，開中火煮滾，加入蘿蔔糕丁煮2分鐘，撒上芹菜末，淋上辣油，即可起鍋盛碗。

小叮嚀

• 除了煎蘿蔔糕，蘿蔔糕的吃法還有多種變化，如切長條，用素XO醬拌炒做炒蘿蔔糕，或是煮蘿蔔糕湯。

• 白蘿蔔為秋冬食材，選購時要注意重量，愈沉重代表水分愈充足，不會空心。

• 蘿蔔糕可一次多做一些，放入冰箱冷藏，準備早餐時再取出即可。

三杯米漢堡

材料

白飯 ──── 600公克
秀珍菇 ──── 60公克
杏鮑菇 ──── 60公克
老薑 ──── 50公克
美生菜 ──── 30公克
九層塔葉 ──── 10公克

調味料

黑麻油 ──── 20公克
醬油 ──── 1大匙
沙茶醬 ──── 1大匙
番茄醬 ──── 1大匙
高湯 ──── 50公克
糖 ──── ½小匙

做法

1 秀珍菇洗淨；杏鮑菇洗淨，切片；老薑洗淨，切片；美生菜洗淨；九層塔葉洗淨，備用。

2 取一鍋，倒入黑麻油，開中小火，加入老薑片爆香，炒至兩面呈金黃色，以醬油、沙茶醬、番茄醬調味，炒香後加入秀珍菇、杏鮑菇片，炒至上色，倒入高湯，以糖調味，煮至呈稠狀，加入九層塔葉拌炒均均，即是三杯餡料，起鍋盛盤，分成3等份。

3 白飯分成6等份，壓為厚度1.5公分的圓餅狀米漢堡。

4 取一鍋，倒入1小匙葵花油，開小火，放入米漢堡，煎至兩面呈金黃色，即可起鍋。

5 先取1片米漢堡，依序鋪上美生菜、三杯餡料，再蓋上1片米漢堡，再依此完成另2個三杯米漢堡，即可食用。

小叮嚀
• 製作米飯糰時，可用模具做成壓模。

胡瓜盒子

材料

胡瓜 ——— 500公克
冬粉 ——— 1把
五香豆干 ——— 3塊
乾香菇 ——— 3朵

麵糰

中筋麵粉 ——— 400公克
葵花油 ——— 1大匙
糖 ——— 1小匙
鹽 ——— 少許

調味料

糖 ——— ¼小匙
醬油 ——— 1小匙
白胡椒粉 ——— 少許

做法

1 胡瓜洗淨去子，刨絲，用½小匙鹽抓醃，靜置5分鐘，擠乾水分；冬粉用溫水浸泡10分鐘，瀝乾水分，切1公分段；五香豆干洗淨，切絲；乾香菇用100公克水浸泡10分鐘，瀝乾水分，切絲，預留香菇水，備用。

2 取一鋼盆，倒入中筋麵粉，加入200公克熱水，攪拌均勻呈雪花片，再加入60公克冷水、葵花油，以及糖、鹽，揉成麵糰，靜置醒麵20分鐘。

3 取一鍋，倒入5大匙葵花油，開中火，爆香香菇絲、五香豆干絲，以醬油、糖、白胡椒粉調味，倒入香菇水煮滾，熄火放涼，加入胡瓜絲、冬粉段，拌勻成餡料，分成6等份。

4 麵糰分成6等份，用擀麵棍擀成圓片，放入餡料包成半圓形盒子狀，即是胡瓜盒子。

5 取一鍋，倒入2大匙葵花油與200公克水，開小火，放入胡瓜盒子油煎，煎至油水剩一半量，翻面煎至水少時，再翻面，煎至兩面呈金黃色，即可起鍋盛盤。

小叮嚀

- 麵粉可先用篩網過篩，口感更滑順。
- 煎胡瓜盒子要開小火，不能用中大火，以免焦黑。不能只用油煎，要用油水煎，以免只有外皮熟，而內餡不熟。使用油水煎，可提高熱度，煎熟內餡。油水比例為水250公克、油50公克。

五行燉飯

材料

白米 ——— 100公克
海帶芽 ——— 10公克
牛番茄 ——— ½個
菠菜 ——— 20公克
南瓜 ——— 40公克
杏鮑菇 ——— 30公克

調味料

高湯 ——— 200公克
葵花油 ——— 1大匙
鹽 ——— 1小匙
白胡椒粉 ——— 1小匙

做法

1 白米洗淨，用150公克水浸泡30分鐘，瀝乾水分；海帶芽泡開；牛番茄洗淨，切中丁；菠菜洗淨，切2公分段；南瓜洗淨，去皮、去子，切中丁；杏鮑菇洗淨，切中丁，備用。

2 電鍋內鍋加入白米、海帶芽、牛番茄丁、菠菜段、南瓜丁、杏鮑菇丁，攪拌均勻，倒入高湯，以葵花油、鹽、白胡椒粉調味，移入電鍋，外鍋倒入1量米杯水，蒸熟，即可盛碗。

小叮嚀

- 五行養生料理，是依五行屬性設計飲食，以白、青（綠）、黑、紅、黃五色為五行配色，代表金、木、水、火、土五行，本道料理的五行配色：白色用杏鮑菇代表，青色用菠菜代表，黑色用海帶芽代表，紅色用牛番茄代表，黃色用南瓜代表。
- 白米可改用胚芽米，若擔心早上沒有時間泡米，可提前一晚完成浸泡，放入冰箱冷藏。

水晶包

材料

乾香菇 ──── 2朵
青江菜 ──── 30公克
冬粉 ──── 1把

調味料

素蠔油 ──── 2大匙
鹽 ──── 1小匙
糖 ──── ¼小匙
白胡椒粉 ──── 少許
太白粉 ──── 200公克

做法

1　乾香菇泡軟,切小丁;青江菜洗淨,切小粒;冬粉
　　用溫水浸泡10分鐘,瀝乾水分,切小段,備用。

2　取一鍋,倒入1小匙葵花油,開中小火,炒香香菇
　　丁,以素蠔油、鹽、糖、白胡椒粉調味,倒入150
　　公克水,加入冬粉段、青江菜粒拌炒均勻,轉小
　　火,炒至冬粉入味,即是餡料。

3　取一個碗,先加入太白粉,再慢慢倒入150公克熱
　　水攪拌,攪至無粉末的稠狀,淋上1小匙葵花油,
　　揉成糰狀。在平台上,鋪1小片保鮮膜,捏一球
　　約30公克的麵糰量,放在保鮮膜上,用擀麵棍壓
　　平,加入餡料,捏成包子狀,即可放入電鍋。

4　電鍋外鍋倒入1量米杯水,將水晶包蒸至外皮晶瑩
　　剔透,即可取出盛盤。

> 小叮嚀
> • 太白粉做的水晶包外皮具彈牙的口感,如果喜歡
> 　柔軟的口感,可改用地瓜粉。

中式香酥漢堡

材料

漢堡 ──── 3個
南瓜 ──── 100公克
豆包 ──── 3片
小黃瓜 ──── 1條

調味料

鹽 ──── ½小匙
沙拉醬 ──── 100公克

做法

1 南瓜洗淨,去皮、去子,切絲;小黃瓜洗淨,切片,備用。

2 取一鍋,倒入3大匙葵花油,開小火,加入南瓜絲,炸至酥脆,撈起,把油瀝乾。鍋內加入豆包,用鍋內餘油煎至兩面呈金黃色,以鹽調味,即可起鍋。

3 漢堡橫剖,放入預熱的烤箱,以200度烤5分鐘,即可取出。

4 漢堡內抹上沙拉醬,依序放入豆包、小黃瓜片、南瓜絲,再淋上沙拉醬,即可食用。

> 小叮嚀
> • 南瓜絲也可改用地瓜絲、牛蒡絲。

雪耳水餃

材料

水餃皮 ──── 1包（300公克）
新鮮白木耳 ──── 500公克
高麗菜 ──── 50公克
豆薯 ──── 50公克
薑末 ──── 15公克
芹菜末 ──── 15公克

調味料

白胡椒粉 ──── 1小匙
芝麻香油 ──── 2大匙

做法

1   新鮮白木耳洗淨，切除蒂頭，切碎；高麗菜洗淨，
    切碎；豆薯洗淨，切碎，備用。

2   取一個碗，放入白木耳碎、高麗菜碎、豆薯碎，
    用2大匙鹽抓醃，攪拌均勻，靜置8分鐘，瀝乾水
    分，加入芝麻香油、芹菜末，以白胡椒粉調味，攪
    拌均勻成餡料。靜置10分鐘，讓餡料入味。

3   將餡料包入餃子皮。

4   取一鍋，倒入1000公克水，開大火煮滾，放入雪
    耳水餃，轉中火，水滾時倒入150公克水，重複二
    次，煮熟即可取出盛盤。

小叮嚀
• 白木耳具有豐富的植物性膠原蛋白，用於製作水
  餃餡料，能增加爽脆口感。

Chapter 3

經典風
西式早餐

GOOD
MORNING
GREAT
BREAKFAST

燕麥豆奶

材料

無糖豆奶 ─── 1瓶（1000公克）
燕麥 ─── 2大匙
綜合堅果 ─── 2大匙
水蜜桃 ─── ½個
蘋果 ─── ½個
小餐包 ─── 4個

調味料

糖 ─── 1大匙

做法

1 水蜜桃切中丁；蘋果洗淨，去皮、去核，切中丁，
   用鹽水浸泡3分鐘，瀝乾水分，備用。

2 取一個陶鍋，倒入無糖豆奶，開中小火，加入燕
   麥，以糖調味，煮滾，即可起鍋。

3 取一個碗，加入水蜜桃丁、蘋果丁，倒入燕麥豆
   奶，撒上綜合堅果。

4 將小餐包放入已預熱的烤箱，以200度烤3分鐘，
   即可取出。

5 燕麥豆奶搭配小餐包，即可食用。

小叮嚀

• 食用時，可將小餐包撕成小片，沾取香氣濃郁的
  燕麥豆奶。

水果三明治

材料

白吐司 ……… 4片
哈密瓜 ……… ¼個
奇異果 ……… 1個
蘋果 ……… ½個

調味料

沙拉醬 ……… 2大匙
鹽 ……… ½小匙
草莓果醬 ……… 2大匙
黑芝麻粉 ……… 2大匙

做法

1 白吐司去邊;哈密瓜洗淨,去皮、去子,切0.5公分厚片;奇異果洗淨去皮,切0.5公分厚片;蘋果洗淨去核,切0.5公分厚片,用鹽水浸泡3分鐘,瀝乾水分,備用。

2 取一個碗,加入沙拉醬、鹽,倒入150公克冷開水,攪拌均勻。

3 先取1片白吐司,抹上草莓果醬,放入哈密瓜片,再取1片白吐司,均勻鋪滿沙拉醬,放入蘋果片,再取1片白吐司,抹上黑芝麻粉,放入奇異果片,最後再放上1片白吐司。

4 將白吐司對切為三角形,即可食用。

小叮嚀

• 水果可切片,也可切小丁。

材料

蘑菇 ──── 4朵
牛蒡 ──── ½支
高麗菜 ──── 100公克
牛番茄 ──── 1個
南瓜 ──── 100公克
紅蘿蔔 ──── 100公克
西洋芹 ──── 100公克
新鮮百里香 ──── 3根
新鮮迷迭香 ──── 1根
新鮮巴西利 ──── 1根
法國麵包片 ──── 4片

調味料

橄欖油 ──── 1大匙
黑胡椒粒 ──── ½小匙
高湯 ──── 2000公克
鹽 ──── 2小匙
義大利綜合香料 ──── ½小匙

蘑菇牛蒡蔬菜湯

做法

1　蘑菇洗淨，每朵切為四塊；牛蒡用菜瓜布刷洗乾淨，切中丁；高麗菜洗淨，切2公分寬片；牛番茄洗淨，切中丁；南瓜洗淨，去皮、去子，切中丁；紅蘿蔔洗淨去皮，切中丁；西洋芹洗淨，削除粗皮與撕除粗絲，切中丁；新鮮百里香洗淨；新鮮迷迭香洗淨；新鮮巴西利洗淨，備用。

2　取一鍋，倒入橄欖油，開中小火，加入蘑菇塊、牛蒡丁、高麗菜片、牛番茄丁、南瓜丁、紅蘿蔔丁、西洋芹丁，以黑胡椒粒調味，拌炒2分鐘，炒香後倒入高湯，加入百里香、迷迭香、巴西利，蓋上鍋蓋，燜煮5分鐘。

3　撈除百里香、迷迭香、巴西利，以鹽、義大利綜合香料調味，即可起鍋盛碗。

4　法國麵包片放入已預熱的烤箱，以200度烤3分鐘，即可取出。

5　法國麵包片可沾食蘑菇牛蒡蔬菜湯享用。

小叮嚀

• 烤法國麵包時，可依個人喜好塗抹果醬或香椿醬，也可改用貝果。

材料

馬鈴薯 ┄┄ 2個
紅蘿蔔 ┄┄ ½條
小黃瓜 ┄┄ 1條
蘋果 ┄┄ ¼個
哈密瓜 ┄┄ ⅛個

調味料

橄欖油 ┄┄ 1大匙
月桂葉 ┄┄ 2片
鹽 ┄┄ ½小匙
沙拉醬 ┄┄ 150公克

黃瓜馬鈴薯沙拉

做法

1 馬鈴薯洗淨去皮;紅蘿蔔洗淨去皮;小黃瓜洗淨,切小丁;蘋果洗淨去核,切小丁,用鹽水浸泡3分鐘,瀝乾水分;哈密瓜洗淨,去皮、去子,切小丁;備用。

2 取一鍋,倒入1000公克水,加入馬鈴薯、紅蘿蔔,開中火,煮滾5分鐘後,蓋上鍋蓋,繼續燜煮5分鐘,即可取出馬鈴薯、紅蘿蔔,切中丁。

3 另取一鍋,倒入橄欖油,開小火,加入馬鈴薯丁、紅蘿蔔丁拌炒,倒入300公克水,以月桂葉、鹽調味,煮滾3分鐘後,取出馬鈴薯丁、紅蘿蔔丁,瀝乾水分。

4 取一盆,加入馬鈴薯丁、紅蘿蔔丁、小黃瓜丁、蘋果丁、哈密瓜丁,淋上沙拉醬,攪拌均勻,即可盛盤。

小叮嚀

• 月桂葉不可多放,味道會變苦。
• 沙拉可添加綜合堅果增加營養。

杏仁豆奶煎吐司

材料

無糖豆奶 ┄┄┄ 2瓶（2000公克）
杏仁粉 ┄┄┄ 2大匙
白吐司 ┄┄┄ 4片
蔓越莓乾 ┄┄┄ 2大匙

調味料

植物性奶油 ┄┄┄ 1大匙

做法 ────

1 取一個瓷盆，倒入無糖豆奶，加入杏仁粉，攪拌均勻，開中小火，煮滾，分2等份，一份倒入杯中，另一份倒入湯盤內，備用。

2 白吐司去邊，切對半直條，放入杏仁豆奶浸泡2分鐘，即可取出。

3 取一鍋，加入植物性奶油，開小火，放入杏仁豆奶吐司，慢慢煎香，煎至兩面呈金黃色，即可起鍋盛盤。

4 將蔓越莓乾放在杏仁豆奶吐司上，即可食用。

小叮嚀

• 煎杏仁豆奶吐司，要用小火，以免煎焦。

番茄花椰鷹嘴豆

材料

鷹嘴豆 ——— 50公克
牛番茄 ——— 1個
白花椰菜 ——— 100公克
熟玉米粒 ——— 50公克
菠菜 ——— 100公克
鴻喜菇 ——— 30公克

調味料

橄欖油 ——— 1大匙
高湯 ——— 1200公克
鹽 ——— 1小匙
巴西利 ——— 少許

做法

1　鷹嘴豆洗淨，放入電鍋內鍋，倒入300公克水，外
　　鍋加入1量米杯水，蒸熟；牛番茄洗淨，切小丁；
　　白花椰菜洗淨，剝小朵；菠菜洗淨，切小丁；鴻喜
　　菇洗淨，剝小朵，備用。

2　取一鍋，倒入橄欖油，開小火，加入鷹嘴豆、牛番
　　茄丁、白花椰菜丁、菠菜丁、鴻喜菇丁、熟玉米粒
　　炒香，倒入高湯，轉大火，煮滾後轉小火，蓋上鍋
　　蓋，燜煮20分鐘，以鹽調味，即可起鍋盛碗。

3　撒上巴西利，即可食用。

小叮嚀

• 鷹嘴豆又稱雪蓮子，不易煮至軟爛，在燉煮時可
　多煮一些備用。將鷹嘴豆密封好，放入冰箱冷凍，
　待要使用時再取出，比較省時。

法式潛艇堡

材料

潛艇堡 ──── 2個
牛番茄 ──── 1個
小黃瓜 ──── 1條
美生菜 ──── 60公克
熟玉米粒 ──── 2大匙

調味料

顆粒花生醬 ──── 2大匙
黃芥末沙拉醬 ──── 2大匙

做法

1　牛番茄洗淨,切小丁;小黃瓜洗淨,切絲;美生菜
　　洗淨,切絲,備用。

2　將潛艇堡放入已預熱的烤箱,以200度烤3分鐘,
　　即可取出,對剖切開。

3　將2片潛艇堡片,均勻抹上顆粒花生醬。

4　潛艇堡片放入牛番茄丁、小黃瓜絲、美生菜絲、熟
　　玉米粒,淋上黃芥末沙拉醬,蓋上另一片潛艇堡
　　片,即可食用。

小叮嚀

• 潛艇堡買回家後,先放入冰箱冷凍,使用時再取
　出,才不會影響風味。

茄汁義大利麵

材料

義大利麵 —— ½ 包
高麗菜 —— 150公克
牛番茄 —— 300公克
蘑菇 —— 50公克
紅椒 —— 50公克
黃椒 —— 50公克
青椒 —— 50公克
西洋芹 —— 100公克
蘋果 —— ⅛ 個
新鮮巴西利葉 —— 10公克
冰塊 —— 2包

調味料

番茄糊 —— 20公克
番茄醬 —— 200公克
義大利綜合香料 —— 少許
冰糖 —— 20公克
鹽 —— ¼ 小匙
白胡椒粉 —— 少許
香椿醬 —— 少許
高湯 —— 50公克

做法

1　高麗菜洗淨，切小丁；牛番茄洗淨，切小丁；蘑菇洗淨，切片；紅椒、黃椒、青椒洗淨去子，切0.5公分條；西洋芹洗淨，削除粗皮與撕除粗絲，切末；蘋果洗淨去核，切片，排成扇形；新鮮巴西利葉洗淨，切碎，備用。

2　取一鍋，倒入1大匙葵花油，開小火，加入高麗菜丁，炒軟至呈透明色，倒入番茄糊，拌炒3分鐘，再加入牛番茄丁，以義大利綜合香料、冰糖、鹽、白胡椒粉、香椿醬調味，炒至牛番茄丁出水，倒入高湯，湯汁略乾時，倒入番茄醬，繼續熬煮30分鐘，最後加入西洋芹末、巴西利碎，即是茄醬。

3　另取一鍋，倒入1000公克水，開中火煮滾，加入義大利麵，邊煮邊攪拌避免沾黏，水滾倒入150公克水，重複三次，即可取出義大利麵，放入冰塊內拌冷。

4　再取一鍋，倒入1小匙葵花油，開小火，加入蘑菇片、紅椒條、黃椒條、青椒條炒熟，加入義大利麵，倒入茄醬，拌炒3分鐘，即可起鍋盛盤。

5　放上蘋果扇片，即可食用。

小叮嚀
* 煮熟的義大利麵，要用冰塊冰鎮，口感才會彈牙。

黃金燉飯

材料

白米 ——— 1杯
白花椰菜 ——— 150公克
綠花椰菜 ——— 150公克
南瓜 ——— 100公克
馬鈴薯 ——— 100公克
紅椒 ——— 20公克
芹菜 ——— 5公克
蘋果 ——— ⅛個

調味料

高湯 ——— 600公克
鬱金香粉 ——— 1大匙
鹽 ——— 1小匙
白胡椒粉 ——— 少許
義大利綜合香料 ——— ½小匙

做法

1 白米洗淨，用400公克水浸泡30分鐘，瀝乾水分；
   南瓜洗淨，去皮、去子，切中丁；馬鈴薯洗淨去
   皮，切中丁；白花椰菜洗淨，切小朵；綠花椰菜洗
   淨，切小朵；紅椒洗淨去子，切小片；芹菜洗淨，
   切末；蘋果洗淨去核，切片，排成扇形，備用。

2 取一鍋，倒入1大匙葵花油，開中小火，加入芹菜
   末炒香，再加入南瓜丁、馬鈴薯丁、白花椰菜、綠
   花椰菜、紅椒片，拌炒1分鐘，倒入高湯，加入白
   米，拌炒均勻，煮滾後，轉小火，以鬱金香粉、
   鹽、白胡椒粉調味，煮至呈略稠狀，即可起鍋盛
   盤。

3 撒上義大利綜合香料，放上蘋果扇片，即可食用。

> 小叮嚀
>
> • 鬱金香粉又稱為薑黃粉，不可多放，會產生苦味。
> • 煮燉飯不可開大火，並要不時攪拌，才不會糊
>   化，影響口感。

土耳其傳統燉菜

材料

牛番茄 ──── 2個
馬鈴薯 ──── 200公克
西洋芹 ──── 200公克
紅椒 ──── 50公克
黃椒 ──── 50公克
青椒 ──── 50公克
全麥核果麵包 ──── 1個

調味料

橄欖油 ──── 1大匙
高湯 ──── 150公克
鹽 ──── 1小匙
百里香 ──── 少許
匈牙利紅椒粉 ──── 少許

做法

1   牛番茄洗淨，切小丁；馬鈴薯洗淨去皮，切小丁；
西洋芹洗淨，削除粗皮與撕除粗絲，切小丁；紅
椒、黃椒、青椒洗淨去子，切小丁；全麥核果麵包
切片，備用。

2   取一鍋，倒入橄欖油，開小火，加入牛番茄丁炒香
2分鐘後，再加入馬鈴薯丁、西洋芹丁、紅椒丁、
黃椒丁、青椒丁，拌炒2分鐘後，倒入高湯，以鹽
調味，炒至呈糊狀，以百里香、匈牙利紅椒粉調
味，拌炒均勻，即可起鍋。

3   全麥核果麵包片放入已預熱的烤箱，以200度烤3
分鐘，即可取出。

4   全麥核果麵包片可沾食土耳其傳統燉菜享用。

小叮嚀

• 要燉煮出番茄糊與西洋芹的濃郁味道，才會有道
地的土耳其傳統燉菜的風味。

Chapter 4

新風潮
異國早餐

GOOD
MORNING
GREAT
BREAKFAST

蜜糖彩果吐司盅

材料

白吐司（未切片）──── ½條
哈密瓜 ──── ½個
芋頭 ──── 1個
草莓 ──── 2個
藍莓 ──── 1盒

調味料

有鹽長條奶油 ──── 1條
糖 ──── 少許

做法

1　哈密瓜洗淨，對剖去子，用挖球器挖圓球；芋頭洗淨去皮，蒸熟，趁熱壓泥，用挖球器挖圓球；草莓洗淨，切塊；藍莓洗淨，備用。

2　白吐司切3段，沿著吐司邊緣切到底，但勿切破底部，四周切四刀，最後從底部切一刀，不要將邊切斷，取出中間的白吐司塊，切小塊。

3　白吐司塊抹上軟化的奶油，均勻撒上糖，連同吐司盒一起放入已預熱的烤箱，以上下火180度烤5分鐘，烤至呈金黃色，即可取出。

4　將烤上色的吐司塊，依序裝回吐司盒中，上面以哈密瓜球、芋泥球、草莓塊、藍莓做裝飾即可。

小叮嚀

• 麵包店的未切片吐司，由於太軟不易切，最好隔一晚再使用。吐司塊烘烤後會縮小，所以不用擔心會裝不回吐司盒內。

• 奶油從冰箱取出後，要放在室溫內靜置回軟。

韓式百菇蓋飯

材料

胚芽飯 ──── 200公克
新鮮香菇 ──── 20公克
杏鮑菇 ──── 20公克
白精靈菇 ──── 20公克
金針菇 ──── 20公克
鴻喜菇 ──── 20公克
秀珍菇 ──── 20公克
小黃瓜 ──── 20公克
紅椒 ──── 20公克
薑末 ──── ¼小匙

調味料

白豆腐乳 ──── 30公克
花生辣椒醬 ──── 1小匙
高湯 ──── 200公克
黑胡椒粒 ──── 少許

做法

1 新鮮香菇洗淨，切片；杏鮑菇洗淨，切片；白精靈菇洗淨，切段；金針菇洗淨，切段；鴻喜菇洗淨，剝小朵；秀珍菇洗淨；小黃瓜洗淨，切片；紅椒洗淨去子，切片，備用。

2 取一鍋，開小火，倒入1大匙葵花油，爆香薑末；放入香菇片、杏鮑菇片、白精靈菇段、金針菇段、鴻喜菇、秀珍菇一起拌炒均勻，加入白豆腐乳、花生辣椒醬、高湯，慢慢熬煮。

3 熬煮為稠狀前，加入小黃瓜片、紅椒片煮熟，撒上黑胡椒粒，即可起鍋。

4 將胚芽飯盛碗，淋上淋料，即可食用。

小叮嚀

• 使用白豆腐乳，是為讓蓋飯的風味更濃郁可口。
• 菇類食材也可改用其他蔬果，如南瓜、馬鈴薯。

墨西哥捲餅

材料

墨西哥餅皮 ——— 2張
蘿蔓生菜 ——— 2片
紫高麗菜 ——— 50公克
鳳梨塊（1.5公分厚塊）
——— 150公克
葡萄乾 ——— 15公克
巧克力碎片餅乾 ——— 30公克

莎莎醬

牛番茄 ——— 1個
西洋芹 ——— 1支（50公克）
檸檬 ——— ½個
糯米醋 ——— 1大匙
糖 ——— 1小匙
沙拉醬 ——— 2大匙
薑末 ——— ½小匙
義大利綜合香料 ——— ½小匙

做法 ———

1　蘿蔓生菜洗淨；紫高麗菜洗淨，切粗絲；牛番茄洗淨，切細丁；西洋芹洗淨，削除粗皮與撕除粗絲，切細丁；檸檬擠汁，備用。

2　取一個碗，加入牛番茄丁、西洋芹丁、檸檬汁，以糯米醋、糖、沙拉醬、薑末、義大利綜合香料調味，攪拌均勻，即是莎莎醬。

3　取一鍋，開小火，放入墨西哥餅皮，不停轉動餅皮，待香氣出來再翻面，一樣要不停轉動餅皮，至兩面均勻呈金黃色，即可起鍋鋪於桌面。

4　將墨西哥餅皮依序鋪上蘿蔓生菜、紫高麗菜絲、莎莎醬、鳳梨塊、葡萄乾、巧克力碎片餅乾，捲起即是墨西哥捲餅。

小叮嚀
- 本道料理的口感非常爽脆，生菜與巧克力碎片餅乾都具有爽口脆度，也可再加入玉米脆片與麥片。
- 蔬菜要降溫，口感才會爽脆，如希望增加蔬菜的脆度，可用冰水浸泡蘿蔓生菜與紫高麗菜3分鐘，再瀝乾水分。

咖哩水果原汁麵

材料

鳳梨 ┄┄ 1個
馬鈴薯 ┄┄ 1個
番茄 ┄┄ 1個
西洋芹 ┄┄ 200公克
鴻喜菇 ┄┄ 100公克
薑末 ┄┄ 5公克

麵糰

中筋麵粉 ┄┄ 600公克
鹽 ┄┄ 2小匙

調味料

咖哩塊 ┄┄ 2塊
高湯 ┄┄ 500公克
鹽 ┄┄ 3小匙

做法

1　鳳梨洗淨去皮，切小塊，放入慢磨機磨汁，用濾網濾除殘渣，取300公克鳳梨汁；馬鈴薯洗淨去皮，切中丁；番茄洗淨，切中丁；西洋芹洗淨，削除粗皮與撕除粗絲，切中丁；鴻喜菇洗淨，剝小朵，備用。

2　取一鋼盆，倒入中筋麵粉與鹽，再分次倒入鳳梨汁，攪拌均勻成糰，即可取出放於桌上，搓揉至表面光滑，覆蓋保鮮膜15分鐘後，再搓揉至光滑。

3　取一擀麵棍，將麵糰擀成厚度0.2公分片，疊成三折狀，用刀切0.3公分寬的麵條，撒上少許麵粉防止沾黏，即是水果麵條。

4　取一鍋，倒入1000公克水，開中火煮滾，加入水果麵條，水滾時倒入150公克水，重複三次，即可取出水果麵條，瀝乾水分。

5　另取一鍋，倒入1大匙葵花油，開小火，加入薑末、咖哩塊炒香，待咖哩塊融化，倒入高湯，加入馬鈴薯丁、番茄丁、西洋芹丁、鴻喜菇熬煮3分鐘，以鹽調味，再加入水果麵條，煮至湯汁略濃稠，即可起鍋盛盤。

小叮嚀

· 麵條可改用其他飽含水分的水果製作，如西瓜、哈密瓜、橘子、火龍果。水果本身具有的酵素，是天然發酵劑，不需使用老麵，所以水果製作成的麵類食材，口感特別彈牙有嚼勁。

材料

壽司米 —— 150公克
昆布 —— 30公克
杏鮑菇 —— 1支
紅椒 —— ½個
黃椒 —— ½個
酪梨 —— ½個
牛番茄 —— 1個
小黃瓜 —— 1條
醋薑片 —— 50公克

調味料

高湯 —— 180公克
糯米醋 —— 60公克
細白砂糖 —— 40公克
鹽 —— 2公克
芥末醬 —— 適量

綜合握壽司

做法

1　壽司米洗淨，瀝乾水分；昆布洗淨；杏鮑菇洗淨，燙熟切片；紅椒、黃椒洗淨去子，烤熟去皮，切2公分寬、4公分長片狀；酪梨洗淨，去皮、去核，切片；牛番茄洗淨，去皮、去子，切片；小黃瓜洗淨，切2公分寬、4公分長片狀，備用。

2　將壽司米、昆布放入電鍋內鍋，倒入高湯，外鍋倒入1量米杯水，煮熟。待電鍋按鍵跳起5分鐘後，取出昆布，切2公分寬、4公分長片狀。

3　取一個碗，加入糯米醋、細白砂糖、鹽，拌勻至糖融化，即是壽司醋。

4　壽司醋倒入熱飯內，拌均，放涼，用手握成2公分寬、4公分長塊飯糰，共14糰。

5　每一個飯糰，抹上米粒般大小的芥末醬，再分別放上昆布片、杏鮑菇片、紅椒片、黃椒片、酪梨片、牛番茄片、小黃瓜片。

6　將飯糰放於左手掌，用右手中指、食指略微按壓即成。

7　將握好的壽司放於盤上，再放上醋薑片即可。

小叮嚀

- 一定要趁飯熱時，用壽司醋攪拌壽司飯，飯才會充分吸收醋汁。
- 握壽司也可放在紫蘇葉上一起食用，更加美味。

大阪燒

材料

豆薯 ┄┄┄┄ 30公克
紅蘿蔔 ┄┄┄┄ 30公克
杏鮑菇 ┄┄┄┄ 30公克
鴻禧菇 ┄┄┄┄ 30公克
青江菜 ┄┄┄┄ 50公克
高麗菜 ┄┄┄┄ 50公克

麵糊

中筋麵粉 ┄┄┄┄ 200公克
鹽 ┄┄┄┄ ½小匙
高湯 ┄┄┄┄ 280公克

大阪燒醬

素蠔油 ┄┄┄┄ 1小匙
烏醋 ┄┄┄┄ 1小匙
糖 ┄┄┄┄ 1小匙
番茄醬 ┄┄┄┄ ½小匙
沙拉醬 ┄┄┄┄ 80公克

調味料

調味海苔芝麻粉 ┄┄┄┄ ¼小匙

做法

1　豆薯洗淨去皮，切絲；紅蘿蔔洗淨去皮，切絲；杏
　鮑菇洗淨，切絲；鴻禧菇洗淨，剝小朵；青江菜洗
　淨，切絲；高麗菜洗淨，切絲，備用。

2　取一鋼盆，加入中筋麵粉與鹽，倒入高湯，用打蛋
　器攪拌均勻，麵糊靜置20分鐘。

3　將豆薯絲、紅蘿蔔絲、杏鮑菇絲、鴻禧菇、青江菜
　絲、高麗菜絲倒入麵糊，攪拌均勻。

4　取一個碗，加入素蠔油、烏醋、糖、番茄醬，攪拌
　均勻，即是大阪燒醬。

5　取一平底不沾鍋，倒入2大匙葵花油，開中火，把
　鍋燒熱。先倒入一半的麵糊量，約1.5公分厚度，
　煎4分鐘。

6　煎至麵糊底部金黃酥脆後，翻面塗滿大阪燒醬。待
　另一面也煎至金黃酥脆後，再翻面塗滿大阪燒醬，
　最後再次翻面煎香，即可盛盤。

7　大阪燒擠上沙拉醬，撒上調味海苔芝麻粉，即可食
　用。

小叮嚀

• 大阪燒要煎硬成型再翻面，如果翻面時餅皮裂
　開，表示麵糊尚未煎熟。

韓風茶泡飯

材料

白飯 ──── 200公克
茶葉 ──── 1大匙
辣白菜 ──── 50公克
綠花椰菜 ──── 3小朵
海苔片 ──── 適量
松子 ──── 5公克
熟白芝麻 ──── ¼小匙

調味料

鹽 ──── ¼小匙

做法

1 綠花椰菜洗淨，燙熟，備用。

2 取一小鍋，倒入200公克水，加入茶葉，開中火，煮滾後，繼續讓水滾沸1分鐘，濾除茶葉，只留茶水。

3 將飯盛碗，沖入茶水，至將蓋過米飯即可。

4 將辣白菜、綠花椰菜、海苔片放在飯上，撒上松子、熟白芝麻，即可食用。

小叮嚀

• 茶葉選用綠茶、紅茶皆可。

• 辣白菜材料與做法為：大白菜1顆、鹽1小匙、糯米醋100公克、細白砂糖60公克、辣雞心椒粉1小匙，大白菜剝片洗淨，瀝乾水分，加入鹽拌勻，醃漬30分鐘，洗除鹽分，瀝乾水分，加入糯米醋與細白砂糖拌勻，撒上辣雞心椒粉，拌勻，醃漬30分鐘即可。

和風水果蕎麥麵

材料

蕎麥麵 ———— 150公克
蘋果 ———— ½個
哈密瓜 ———— ¼個
紅蘿蔔 ———— 50公克
小黃瓜 ———— 1條
海苔絲 ———— 適量
冰塊 ———— 1包

調味料

日式和風醬汁 ———— 3大匙

做法 ————————————

1　蘋果洗淨去皮，對剖去子，切絲，用鹽水浸泡3分
　　鐘；哈密瓜洗淨，去皮、去子，切絲；紅蘿蔔洗淨
　　去皮，切絲；小黃瓜洗淨，切絲，備用。

2　取一鍋，倒入1000公克水，開中火煮滾，加入蕎
　　麥麵，水滾時倒入150公克水，重複三次，即可取
　　出麵條，放入冰塊中拌冷，取出盛盤。

3　將日式和風醬汁淋在蕎麥麵上。

4　在麵條上，依序放上紅蘿蔔絲、小黃瓜絲、蘋果
　　絲、哈密瓜絲，最後以海苔絲做裝飾，即可食用。

小叮嚀

* 日式和風醬汁材料與做法為：蘋果½個、熟白芝麻
  ½小匙、白味噌1小匙、薄鹽醬油2小匙、糯米醋
  2小匙、無酒精味醂2小匙、糖1小匙、高湯100公
  克、芝麻香油1大匙。蘋果洗淨去皮，對剖去子，
  磨泥，將蘋果泥加入全部調味料，攪拌均勻即可。
* 水果可改用奇異果、青木瓜，切絲或切片皆可。

酸甜醬越南河粉

材料

米製粿仔條 ———— 300公克
紅辣椒 ———— 1條
青辣椒 ———— 1條
豆芽菜 ———— 50公克
香菜 ———— 2根
檸檬 ———— ½個
薄荷葉 ———— 6片
薑末 ———— 5公克

調味料

素蠔油 ———— 1大匙
高湯 ———— 150公克
白胡椒粉 ———— 少許
糖 ———— 1小匙

做法

1 紅辣椒、青辣椒洗淨去子，切末；豆芽菜洗淨；香
   菜洗淨，切段；檸檬擠汁；薄荷葉洗淨，備用。

2 取一鍋，倒入1大匙葵花油，開小火，爆香薑末，
   加入香菜段、素蠔油炒香，倒入高湯，以白胡椒
   粉、糖調味，煮至水滾，加入粿仔條拌炒，炒至湯
   汁略乾，再加入豆芽菜、紅辣椒末、青辣椒末，
   轉中火，快炒30秒，加入檸檬汁、薄荷葉拌炒均
   勻，即可起鍋盛盤。

小叮嚀
• 紅辣椒與青辣椒也可油炸去皮，再切末，香氣更
  濃。喜歡味道偏酸的人，可增加檸檬汁用量。

照燒鮮菇御飯捲

材料

白飯	300公克
秀珍菇	50公克
杏鮑菇	50公克
鴻喜菇	50公克
小黃瓜	30公克
薑末	少許
燒海苔	2張
熟白芝麻	1小匙

照燒醬

高湯	50公克
素蠔油	1大匙
無酒精味醂	1小匙
冰糖	1小匙
黑胡椒粒	½小匙
玉米粉	1小匙

做法

1. 秀珍菇洗淨,撕細絲;杏鮑菇洗淨,撕細絲;鴻喜菇洗淨,剝小朵,撕細絲;小黃瓜洗淨去子,切0.5公分寬長條狀;玉米粉加入1小匙水,攪拌均勻為玉米粉水,備用。

2. 取一碗,加入高湯、素蠔油、味醂、冰糖、黑胡椒粒,倒入鍋內,開小火煮滾,倒入玉米粉水,煮至稠狀即可,即是照燒醬。

3. 將秀珍菇絲、杏鮑菇絲、鴻喜菇絲放入已預熱的烤箱,以180度烤3分鐘,烤至呈金黃色,即可取出。

4. 取一鍋,開小火,炒香照燒醬、薑末,加入秀珍菇絲、杏鮑菇絲、鴻喜菇絲、小黃瓜條,拌炒2分鐘,即可起鍋,將餡料盛盤。

5. 餡料與白飯分成2等份。

6. 桌面鋪上保鮮膜,放上1張燒海苔,以白飯鋪底,放上餡料,撒上白芝麻,捲起,即可食用。

小叮嚀

• 照燒醬的味道濃郁,也可用於烤醬、炒醬。照燒醬加入玉米粉水,可縮短煮至濃稠的時間。

泰式東炎夾吐司

材料

白吐司 ──── 8片
馬鈴薯 ──── 1個
紅蘿蔔 ──── 100公克
豆薯 ──── 100公克
杏鮑菇 ──── 100公克
芹菜 ──── 50公克
檸檬 ──── ½個

調味料

東炎醬 ──── 1大匙
糖 ──── 1小匙

做法

1 馬鈴薯洗淨去皮,切片;紅蘿蔔洗淨去皮,切小粒;豆薯洗淨去皮,切小粒;杏鮑菇洗淨;芹菜洗淨,切小粒;檸檬擠汁,備用。

2 取一鍋,倒入2000公克水,開大火,煮滾後轉中火,加入紅蘿蔔粒、豆薯粒、芹菜粒,燙熟,再放入馬鈴薯片、杏鮑菇煮熟,即可取出,瀝乾水分,將杏鮑菇切小粒,馬鈴薯趁熱搗成泥。

3 將紅蘿蔔粒、豆薯粒、芹菜粒、杏鮑菇粒,一起拌入馬鈴薯泥,以東炎醬、糖、檸檬汁調味,攪拌均勻,即是餡料。

4 將餡料分為4等份,平均塗抹於4片吐司上,再蓋上另4片吐司,放入已預熱的烤箱,以200度烤3分鐘,取出對切成長方形,即可食用。

小叮嚀

• 東炎醬可用於煮火鍋、炒麵或炒飯,材料與做法為:紅辣椒2條、乾香菇2朵、牛番茄2個、南薑片2片、香菜20公克、檸檬1個、檸檬葉3葉、高湯200公克、鹽1小匙、糖1小匙。乾香菇泡開;紅辣椒、牛番茄、南薑片、香菜洗淨;檸檬洗淨,對剖擠汁,將紅辣椒、香菇、牛番茄、南薑片、香菜切碎,開中火,用50公克葵花油炒香,以鹽調味,倒入高湯,加入糖、檸檬汁、檸檬葉,轉小火,熬煮30分鐘,至略收汁即可。

玉米派大星烙餅

材料

熟玉米米粒 ——— 150公克
高麗菜 ——— 50公克
紅蘿蔔 ——— 30公克
菠菜 ——— 50公克
芹菜 ——— 5公克

麵糊

中筋麵粉 ——— 50公克
高湯 ——— 50公克
葵花油 ——— 1大匙
鹽 ——— 1小匙
白胡椒粉 ——— 1小匙

做法

1　高麗菜洗淨，切絲；紅蘿蔔洗淨去皮，切絲；菠菜洗淨，切絲；芹菜洗淨，切末，備用。

2　取一鋼盆，倒入中筋麵粉、高湯，攪拌均勻，加入葵花油、鹽、白胡椒粉拌勻，再加入熟玉米米粒、高麗菜絲、紅蘿蔔絲、菠菜絲、芹菜末，一起攪拌均勻，靜置一旁。

3　取一鍋，倒入3大匙葵花油，開中小火，先倒入一半的麵糊量，轉小火，煎至餅皮邊緣微黃後翻面，另一面餅皮也煎至微黃，即可起鍋。

4　鍋內倒入1小匙葵花油，倒入剩餘麵糊，用同做法3方式煎香餅皮，即可起鍋盛盤。

5　將烙餅切片，即可食用。

小叮嚀

• 這是小朋友喜愛的早餐口味，如果小朋友不喜歡吃蔬菜，可將蔬菜絲切細，看不出是蔬菜。

• 烙餅餅皮外酥內軟，煎時要搖鍋，以免煎焦。

禪味
廚房 ⑫

早安好食！
Good Morning Great Breakfast

國家圖書館出版品預行編目資料

早安好食！/藍子竣著. ──初版. ──臺北市：
法鼓文化，2015.08
　　面；　公分
　　ISBN 978-957-598-677-3（平裝）

　1.素食食譜

427.31　　　　　　　　　　　　104009849

作者／藍子竣
攝影／周禎和
出版／法鼓文化

總監／釋果賢
總編輯／陳重光
編輯／張晴
美術編輯／化外設計
地址／臺北市北投區公館路 186 號 5 樓
電話／（02）2893-4646
傳真／（02）2896-0731
網址／http://www.ddc.com.tw
E-mail／market@ddc.com.tw
讀者服務專線／（02）2896-1600
初版一刷／2015 年 8 月
建議售價／新臺幣 300 元
郵撥帳號／50013371
戶名／財團法人法鼓山文教基金會 ─ 法鼓文化
北美經銷處／紐約東初禪寺
Chan Meditation Center（New York, USA）
Tel／（718）592-6593
Fax／（718）592-0717